5

水のひみつ大研究

世界の水の未来をつくれ！

監修 西嶋 渉

水谷清太
小学4年生。好奇心旺盛な男の子。趣味はペットのメダカの世話とダムめぐり。

リュウ
竜神の化身。清太とモアナに、水のことをいろいろと教えてくれる。好物はゼリー。

七海モアナ
小学4年生。ハワイ生まれの元気いっぱいな女の子。趣味はおしゃれと海釣り。

水のひみつ大研究 **5**
世界の水の未来をつくれ！

もくじ

この本の特色と使い方

● 『水のひみつ大研究』は、水についてさまざまな角度から知ることができるよう、テーマ別に5巻に分けてわかりやすく説明しています。

● それぞれのページには、本文やイラスト、写真を用いた解説とコラムがあり、楽しく学べるようになっています。

● 本文中で（➡〇ページ）、（➡〇巻）とあるところは、そのページに関連する内容がのっています。

● グラフには出典を示していますが、出典によって数値が異なったり、数値の四捨五入などによって割合の合計が100％にならなかったりする場合があります。

● この本の情報は、2023年2月現在のものです。

 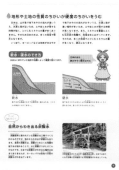 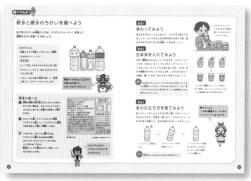 

実際にはたらく人のお話をしょうかいしています。

本文に関係する内容をほり下げて説明したり事例をしょうかいしたりしています。

自分で体験・チャレンジできる内容をしょうかいしています。

国内外の過去にさかのぼって、歴史を知ることができます。

世界は水でつながっている!

使える水の量や水の使い方は、国によっていろいろです。
でも、水が世界中の人たちにとって、
欠かせないものであることには変わりがありません。
この巻では、世界の水の今と未来について考えます。

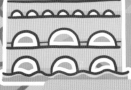

日本で飲んでいる水と
世界の国ぐにで飲んでいる水は
同じなのかな?
➡6〜17ページ

昔の人はどんな水道や
トイレを使っていたのかな?
➡18〜19、24〜25、35ページ

衛生的で安全な水を飲めずに
病気になってしまう人たちが
いるって本当?
➡28〜31ページ

水の問題を解決するために
世界ではどんなことに
取り組んでいるの？
➡36〜43ページ

わたしたちが
水をずっと使いつづけるために
どんなことができるの？
➡44〜45ページ

安全なトイレがない国が
たくさんあるって本当？
➡32〜34ページ

① 日本と世界の水のちがい

世界には、水道の水をそのまま飲むことができない国や地域がたくさんあります。いったいなぜ、飲めないのでしょうか。

世界的にめずらしい水道水が飲める国

上水道の設備が整っている日本では、じゃ口をひねるだけで、きれいでおいしい水が出てきます。そのため、わたしたちは、水道の水が飲めるのは当たり前のことのように思っています。しかし世界では、日本のように水道水がそのまま飲める国は、じつはとてもめずらしいのです。

世界的に見ると、水道が国の一部にしかなかったり、水道があってもしっかりと整備がされていなかったりする場所がたくさんあります。

また、水質も地域によってちがい、おいしくなかったり、人によってはおなかをこわしたりすることもあります。そのため、多くの国では、ミネラルウォーターなどの市販の容器入りの水を買ったり、水道水をわかしたりして飲んでいます。国土交通省によると、水道がしっかりと整備されていて、水道の水をそのままの状態で飲むことができる国は、日本をふくめて11か国だけだとされています（2022年）。

世界の水道事情

多くの先進国では水道が整っていますが、国土が広い国や経済的に豊かではない国では、安心して使用できる水道は多くありません。

ヨーロッパの国ぐに
経済的に発展している北部や西部の国は、水道が整備されている。東部の国は、設備が古いところがあり、水道水を飲むときは、注意が必要。

ウィーンの水飲み場。オーストリアの水道の水源は、アルプスのわき水で水質がよい。

（写真提供：石原正雄／アフロ）

アフリカの国ぐに
お金の不足、内戦などが原因で水道設備が整っていないところがほとんどで、井戸や川などの水場を使っている地域が多い。

井戸を使う人びと（ルワンダ）。サハラ砂漠より南の地域は、水道のない場所が多い。

（写真提供：Science Photo Library／アフロ）

アジアの国ぐに
都市部を中心に水道は完備されているが、そのまま飲める場所は少ない。中国やインドなどの国では、よごれた川が水源になっていることもある。

ごみがうかぶヤムナー川（インド）。首都デリーの水源だが、よごれがひどく問題になっている。

（写真提供：AP／アフロ）

海水から飲み水を
つくっている国ぐに

アジア西部のアラビア半島の国ぐにには、乾燥地帯にあり、かつては地下水や貴重な雨水を飲み水にしていましたが、現在ではおもに淡水化プラントで海水を淡水に変え、水道水にしています。淡水化の方法にはいくつかありますが、特殊な膜を使って海水中の塩分をろ過し、淡水にする方法が多くなっています。

サウジアラビアにある淡水化プラント。サウジアラビアでは、地下水も水源に使われているが、使える量は少ない。

（写真提供：The New York Times/Redux／アフロ）

水道水がそのまま飲める国

多くはヨーロッパの国ですが、日本とニュージーランドもふくまれています。

出典：国土交通省「令和4年版日本の水資源の現況」（2022年）

水道の水がそのまま飲める国はめずらしいんだね

スウェーデン
ノルウェー
フィンランド
アイスランド
デンマーク
アイルランド
オランダ
オーストリア
モンテネグロ
ヨーロッパ
アジア
アフリカ
北アメリカ
日本
中央・南アメリカ
オセアニア
ニュージーランド

オセアニアの国ぐに

ニュージーランドは、そのまま水道の水を飲むことができる。オーストラリアも水道水は飲めるが、注意が必要とされている。

ニュージーランド南部にあり、南島の水道水の水源となっているサザンアルプス山脈。

中央・南アメリカの国ぐに

水資源は豊富で、水道も普及しているものの、費用の不足などで十分に整備ができておらず、水質など改善すべき部分も多い。

有毒な物質をふくんだ鉱山の土砂が流れこむアマゾン川上流部（ペルー）。 （写真提供：AP／アフロ）

北アメリカの国ぐに

アメリカやカナダは都市部を中心に水道が整備されているが、設備が古く有害ななまり製の水道管が使われている場所もあるので、注意が必要。

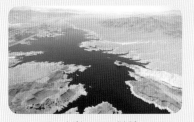

アメリカの砂漠にある人造湖ミード湖。下流の水源だが、雨の量が少なくなり、貯水量が減っている。

やわらかい水とかたい水

地域によって水にふくまれる成分がちがう

水道水の多くは、地下水や川の水を利用しています。これらの水は、もともとは雨や雪として降った水ですが、地面にしみこんで地下を流れたり、川を流れたりするあいだにさまざまな成分を取りこんでいます。

取りこむ成分の種類や量は、その地域の土の性質や地形などによってちがいます。カルシウムやマグネシウムなどのミネラルを多く取りこんだ水を硬水、これらをあまり取りこんでいない水を軟水といいます。

「水はどこでも同じ」ってわけじゃないんだね!

同じ場所でも水をとる季節や天候によっても成分はちがうよ

軟水と硬水

水には硬度とよばれる数値があり、硬度が高い水を硬水、低い水を軟水とよびます。日本の水の硬度は20〜60mg/Lのものが多く、一般的には軟水とされています。

※硬度はとけているカルシウム（Ca）とマグネシウム（Mg）の量を炭酸カルシウムという物質におきかえたとき、その量が1L中何mgになるかを表す数字。

※世界保健機関（WHO）では、硬度が60mg/Lに満たない水を軟水、60mg/L以上で120mg/Lに満たない水を中程度の軟水、120mg/L以上で180mg/Lに満たない水を硬水、それ以上の水を非常な硬水と分類している。

軟水の特徴

- 口当たりがやわらかい。
- 石けんのあわ立ちがよく、よごれが落ちやすい。
- 髪の毛やはだにやさしい。
- 和食など、うす味で食材の味を生かす料理に適している。
- ミネラルをからだにとり入れにくい。

硬水の特徴

- 口当たりが重く、少し苦い。
- 石けんがあまりあわ立たず、よごれが落ちにくい。
- 髪の毛を洗うとパサパサになり、顔を洗うとはだがつっぱった感じになる。
- 味のこい煮物やパスタをゆでるのに適している。
- ミネラルをからだにとり入れやすい。
- なれないとお腹をこわすことがある。

とけているミネラル（カルシウムやマグネシウムなど）の量が少ないと軟水になる

とけているミネラルの量が多いと硬水になる

地形や土地の性質のちがいが硬度のちがいをうむ

日本は、山が急で地下水や川の流れが速いうえ、水源と海が近いため、土や岩と水が接する時間が短く、とけこむミネラルの量が多くありません。そのため日本の水は、多くの地域で軟水になります。

いっぽう、ヨーロッパなどは地形がゆるやかで地下水や川の流れがおそいうえ、水源と海が遠い場所が多いため、土や岩と水が接する時間が長くなります。また、ミネラルを豊富にふくむ石灰岩の地層が、地域全体に広がっています。そのため、多くの地域でとけこむミネラルの量が多くなり、硬水になります。

軟水・硬水のでき方

水はふくまれていた地形や地層によって硬度が変わります。

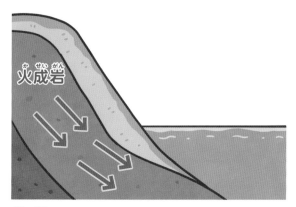

日本の水は
飲みやすい軟水なのね

軟水
地下水が火成岩のなかで比較的早く流れるため、ミネラルがあまりとけこまない。

硬水
地下水がミネラルをふくんだ石灰岩のなかをゆっくりと流れるため、多くのミネラルがとけこむ。

もっと
知りたい！

自然からわき出る炭酸水

炭酸飲料に使われている炭酸水は工場でつくられたものですが、地中からわき出す炭酸水もあります。自然の炭酸水は、炭酸ガスをふくむ地層を地下水が流れることで、水に炭酸ガスがとけこんだものです。日本では炭酸水がわき出る場所はあまりありませんが、ヨーロッパでは各地で天然の炭酸水がわき出ています。

天然炭酸水がとれる井戸（福島県金山町）。日本ではほかにも大分県の白水鉱泉でも天然炭酸水がわき出している。

💧 水がちがうと食文化もちがう

　世界の国や地域によって、水の硬度はちがいます。硬度のちがいは、料理の味に影響します。そのため、水の性質に合わせて、各地でさまざまな食文化が生まれました。

　一般的に、軟水には料理のうま味成分を引き出す性質があります。そのため、軟水が多い日本では、食材の味を生かすうす味の料理を中心とする食文化が生まれました。いっぽう、硬水には肉のくさみを取ったり、めんにこしをあたえたりする性質があります。硬水が多いヨーロッパでは、肉を煮こむ料理やパスタを使った料理を食べる食文化が発展しました。

軟水に向いた料理

軟水はミネラル成分が少ないため、硬水にくらべると食材に影響をあたえにくくなっています。そのため、日本では、おもに素材の味を生かして食材そのものの味を楽しむ、うす味の料理が発達しました。また、軟水には野菜をやわらかくするはたらきもあるため、野菜の煮物などに適しています。さらに、軟水にはご飯をふっくらとさせたり、日本茶の味をすっきりとさせるはたらきもあります。

日本茶　野菜の煮物

ご飯

うす味の汁
（すまし汁など）

硬水に向いた料理

硬水にふくまれるカルシウムには、肉のくさみや汁のしぶみのもととなるたんぱく質と結びつき、あくを出しやすくする性質があります。そのため、ヨーロッパなど硬水が多い地域では肉をこいめの味で煮こむシチューなどが発達しました。また、カルシウムには、でんぷんと結びついてこしを生み出すはたらきもあるので、小麦粉を使ったパスタや、パラパラとした食感のご飯料理もよく食べられています。

シチュー

パスタ

パエリア

その土地の水の特徴を生かした料理が発達しているんだね

水の硬度ランキング

日本の水道水の硬度の平均値は48.9mg/Lです（2017～2020年）が、地域によって硬度はことなります。関東地方の千葉県や埼玉県は、全国の都道府県のなかでも硬度が高めで、平均の硬度は80mg/Lをこえています。周辺の都県も高く、これはミネラルを多くふくむ火山灰の地層（関東ローム層）が広がっていることが関係していると考えられます。反対に、広島県や奈良県、東北地方の県は、比較的低めになっています。

出典：東京大学「日本全国水道水の硬度分布」（2017～2020年）

地域によって
けっこうちがうのね

キミの住んでいる
ところは
どうかな？

硬度（mg/L）
- 80以上
- 70以上80未満
- 60以上70未満
- 50以上60未満
- 40以上50未満
- 30以上40未満
- 30未満

★硬度の高さベスト3

 千葉県
83.4mg/L

 埼玉県
82.8mg/L

 熊本県
72.2mg/L

★硬度の低さベスト3

 広島県
23.5mg/L

 奈良県
23.9mg/L

 山形県
25.5mg/L

調べてみよう

軟水と硬水のちがいを調べよう

店で売られている容器入りの水（ミネラルウォーター）を使って、
硬度のちがいを調べてみましょう。

用意するもの

- 硬度がちがう容器入りの水（2〜4種類）
- 日本茶のティーバッグ
- 液体洗剤
- コップ（同じ大きさのものを水と同じ数）
- からのペットボトル（同じ大きさのものを水と同じ数）
- ふせん（水の名前や硬度を書いて、調査に使うコップやペットボトルにはる）

硬度が1000mg/L以上ある
外国の水を使うと
ちがいがわかりやすいよ

硬度の調べ方

1 硬度は容器の成分表に出ていることが多い。出ていない場合は、カルシウムとマグネシウムがふくまれている量から計算して導きだせる。

2 カルシウム量×2.5＝カルシウム硬度
マグネシウム量×4.1＝マグネシウム硬度
で両方を足した値が「硬度」になる。

例 100mL中、カルシウム量0.6mg、マグネシウム量0.2mgの水の場合
0.6×2.5＋0.2×4.1＝1.5＋0.82
＝2.32mg/100mL
硬度は1Lでの値なので10倍にして、
23.2mg/Lとなる。

- 品名：ナチュラルミネラルウォーター
- 原材料名：水（鉱泉水）
- 内容量：2000ml
- 賞味期限：キャップに記載
- 保存方法：直射日光や高温を避けて保存してください。
- 採水地：北海道虻田郡京極町
- 製造者：京極製氷株式会社
　北海道虻田郡京極町字川西40番4

○加熱や凍結により白い結晶があらわれることがありますが、品質には問題ございません。○開栓後は冷蔵保管し、お早めにお飲みください。○衝撃や凍結は容器の破損、品質劣化の要因となります。○開栓時にキャップ等で指等を切らないようご注意ください。○容器の散乱防止・リサイクル（キャップと容器の分別）にご協力ください。

栄養成分表示	
（100mlあたり）	
エネルギー	0kcal
たんぱく質	0g
脂　　質	0g
炭水化物	0g
ナトリウム	0.8mg
（食塩相当量	0.002g）
カルシウム	0.6mg
カリウム	0.2mg
マグネシウム	0.2mg

バナジウム 5μg/ℓ
硬度 約23mg/ℓ（軟水）
pH値 約7.6
※この表示値は目安です。季節により変動することがございます。

成分表の例。　　　　　（写真提供：株式会社セコマ）

カルシウムは2.5、
マグネシウムは4.1を
かけるんだよ

調査1

味わってみよう

水をそれぞれコップに入れたら、ひと口ずつ飲んでみましょう。口に入れたときの味や飲んだあとの味、飲みやすさのちがいなどを記録しておきましょう。

まちがえないように、それぞれの水の名前を書いたふせんなどをコップにつけておく。

調査2

日本茶を入れてみよう

まず1種類目の水をふっとうさせます。そのふっとうした水（150mL）をコップに入れて、すぐにティーバッグをつけて、少したったら取り出します。これを、ほかの種類の水でもくりかえします。つけたものを5〜6時間、置いておき、色のちがいを見てみましょう。

注意! 水がまざらないように、なべややかんなど水をふっとうさせる容器はしっかりふいてから水を入れかえよう。また、熱いのでやけどには十分に気を付けよう。5〜6時間置いた水は、飲まないようにしよう。

すべて同じ種類のティーバッグを使い、同じ時間（1分ぐらい）だけ水につける。5〜6時間後の水の色の変化を見る。

調査3

あわの立ち方を見てみよう

空いたペットボトルにそれぞれ同じ量（3分の1くらい）の水を入れます。洗剤を1滴入れて、ふたをしたら、それぞれ同じ回数ふり、あわの高さをはかってみましょう。

調べたことはこの本の最後のページにあるワークシートにまとめてね

ペットボトルに洗剤を入れる。

どのペットボトルも同じ回数だけふる。

ペットボトルのどの位置まであわ立ったかをはかる。また、あわの密度のようすも観察する。

注意! 洗剤が多いとあわ立ちすぎるので気を付けよう。

売られる飲料水

海外では、飲み水は水道水ではなくペットボトルなどの容器で売られているものを飲むことが多いんだよ

容器に入れて売られる水

ヨーロッパやアメリカなどでは、びんやペットボトルに入った水を買って飲む習慣が根づいています。水道がしっかりと整備されていないなどの理由から、水道水をそのまま飲めない地域が多かったからです。

世界的に見ると、健康への関心の高まりなどから、容器入りの水を飲む人が増えています。

とくに、経済的に豊かになってきた中国では、容器入りの水の消費量が爆発的に増えています。現在、世界での容器入りの水の消費量のうち、約4分の1は中国がしめています（2017年）。

水道水をそのまま飲む習慣が長く根づいてきた日本でも、容器入りの水を飲む人が増えています。

ミネラルウォーター類の国内での生産量／輸入量の変化

日本で売られている容器入りの水は、ミネラルウォーター類に分類されます。その多くは地下水をろ過、殺菌したものです。

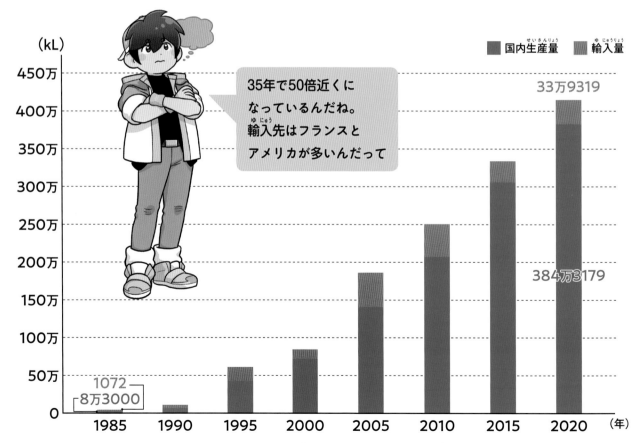

35年で50倍近くになっているんだね。輸入先はフランスとアメリカが多いんだって

■国内生産量　■輸入量

33万9319

384万3179

1072
8万3000

(kL)
450万／400万／350万／300万／250万／200万／150万／100万／50万／0

1985　1990　1995　2000　2005　2010　2015　2020　（年）

出典：日本ミネラルウォーター協会「ミネラルウォーター類 国内生産、輸入の推移」

日本では1980年代以降に広まった

1980年代に、海外旅行がさかんになると、容器入りの水を飲む文化が日本に持ちこまれました。その後、1996年に500mLの小型サイズの水が売られるようになり、容器入りの水を飲む人が増えてきました。

2011年に東日本大震災が起きると、地震で水道が止まったときに備えて容器入りの水をたくわえる家庭が増えました。こうして、容器入りの水を飲む習慣が日本に定着したのです。今では、多くのメーカーからさまざまな水が発売され、消費者が好みに合わせて選ぶことができるようになっています。

スーパーマーケットで売られているさまざまな容器入りの水。

日本では、水道水の値段は1Lあたり0.2〜0.3円ぐらいだけど、容器入りの水の値段は1Lあたり数十〜数百円するよ

もっと知りたい！

容器入りの水をつくる工場を見てみよう

容器入りの水は、地下水などからくみ上げられたのち、ろ過や加熱などの殺菌処理をし、容器につめられています。ここでは、北海道の京極町で、わき出ている水を厳重な管理のもと、容器につめて販売している工場のようすを見てみましょう。

できあがった製品のなかから、製造ごとに決められた本数をぬき出して微生物検査や成分の検査などで品質を確認し、問題がなければ出荷する。

地中からわき出した雪解け水。この水が工場へと送られる。

工場に送られた水は、加熱器に入れられて殺菌される。

水をボトルにつめたあとで、ふたをつけて冷水で冷やす。

容量と異物混入の検査をし、ラベルをつけて完成。

（写真提供：株式会社セコマ）

目に見えない水の輸出入

農産物や畜産物の生産には水が使われる

　穀物や野菜を育てるには、多くの水を使います。また、ウシやブタを育てるために必要な飼料は、多くの水を使って育てた穀物などを原料にしています。つまり、農産物や畜産物をつくるには、多くの水が必要なのです。

　日本には外国からたくさんの農産物や畜産物が輸入されています。これは、わたしたちが農産物や畜産物の輸入を通じて、目に見えないかたちで多くの水を輸入しているということでもあります。

　輸入した農産物や畜産物を自分の国でつくるとしたらどのくらいの水が必要か計算したものをバーチャルウォーター（仮想水）といいます。バーチャルウォーターの数値を知ることで、輸入先の国や地域の水資源にどれだけの影響をあたえているかがわかります。

食料品を生産するために必要な水の量

野菜や穀物よりも、穀物などをえさにして育てるウシやブタなどの肉のほうが、必要な水（バーチャルウォーター）の量が多くなります。

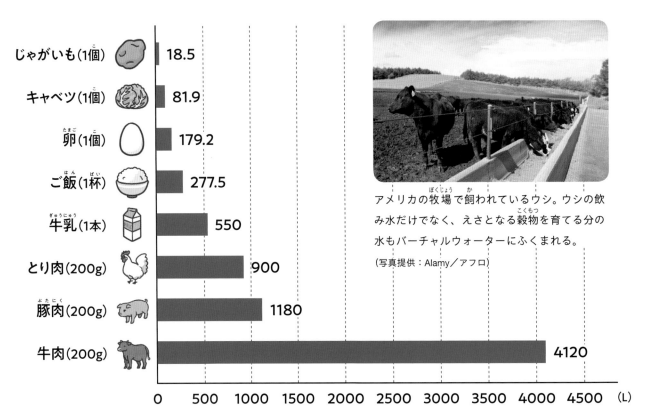

じゃがいも(1個) 18.5
キャベツ(1個) 81.9
卵(1個) 179.2
ご飯(1杯) 277.5
牛乳(1本) 550
とり肉(200g) 900
豚肉(200g) 1180
牛肉(200g) 4120

0 500 1000 1500 2000 2500 3000 3500 4000 4500 (L)

アメリカの牧場で飼われているウシ。ウシの飲み水だけでなく、えさとなる穀物を育てる分の水もバーチャルウォーターにふくまれる。

（写真提供：Alamy／アフロ）

出典：環境省ホームページより

バーチャルウォーターを大量に輸入している日本

　日本は、おもな先進国のなかでも、とくに食料自給率が低いことが知られており、カロリーベースの食料自給率（自分の国でつくっている食料の割合を、食品がもつエネルギーをもとに計算した値）は38%ほどしかありません（2021年度）。

　食料自給率が低い日本は、多くの食料を輸入しているため、世界有数のバーチャルウォーターの輸入国となっています。その輸入量は、国内で使われている水の量とほぼ同じ、年間約800億㎥にもなります（2005年）。

日本はバーチャルウォーターの輸入量が世界的にも多いのか…

だから世界の水資源にあたえる影響も考えないとね

ハンバーガーにふくまれる「水」

　料理のバーチャルウォーターは、材料のバーチャルウォーターをすべて足したものになります。

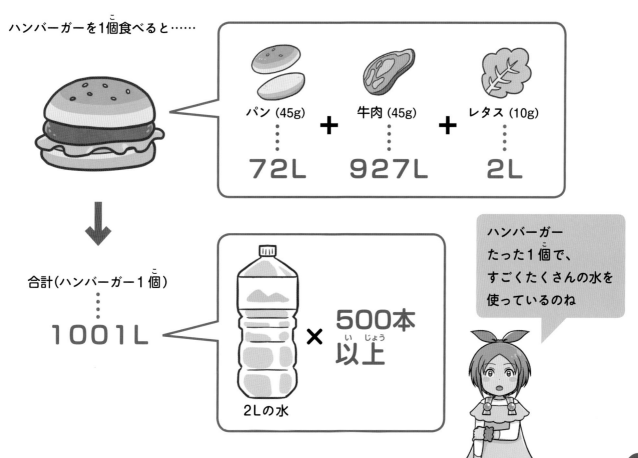

ハンバーガーを1個食べると……

パン (45g)　＋　牛肉 (45g)　＋　レタス (10g)

72L　　927L　　2L

合計(ハンバーガー1個)

1001L

2Lの水　× 500本以上

ハンバーガーたった1個で、すごくたくさんの水を使っているのね

世界で最初につくられた
上水道「ローマ水道」

紀元前750年ごろから1000年以上にわたって、
ヨーロッパで繁栄していた古代ローマは、
高度な土木技術で各地に大規模な水道を築いていました。

大都市ローマの人びとに水を供給するために

今から2000年以上前、ヨーロッパでは古代ローマが栄え、その首都であるローマにはたくさんの人びとがくらしていました。そんな人びとのくらしをささえていたもののひとつが、世界初の本格的な水道であるローマ水道でした。

ローマでの水道工事は、今から約2300年前の紀元前312年にはじまり、終わるまでに500年以上もの長い年月がかかりました。全長90kmにもおよぶマルキア水道をはじめ、最終的に11本の水道がつくられ、数十万人の人びとのもとに水をとどけました。

ローマ水道は、ローマだけでなく領土内の各地につくられ、ときには100kmをこえる長さのものが都市へと水を供給していました。

古代ローマの11の水道のひとつクラウディア水道のあと。アーチの上に水道管があり水が流れていた。

（写真提供：New Picture Library／アフロ）

再建されて、現在も使われているローマ水道のひとつ、ヴィルゴ水道。

（写真提供：Lalupa）

ヴィルゴ水道の終点部分はローマの有名な観光地であるトレビの泉になっている。

水道管は地下や水道橋の上を通っていたよ

スペインのセゴビアに残る水道橋。水道管のかたむきを変えずに谷をこえられるようにつくられた。

高低差を利用して水を運ぶ

　ローマ水道の大きな特徴のひとつは、水源地とローマのわずかな高さのちがい（高低差）を利用して水を運んでいたという点です。

　ローマ水道はとても長いので、一部の水道のかたむきを大きくしすぎると、ほかの部分が平らになり、水をうまく運ぶことができません。そこで、精密な測量技術を用いて、できるだけ水道のかたむきが等しく、しかも小さくなるように設計されました。そのかたむきは、1km進むごとに34cm、つまり50km進んでも17mしか下がらないという、わずかなものでした。

ローマの人びとのくらしをうるおす水道

　都市にとどけられた水道水は、すいじ用の水や飲み水として利用されたほか、公衆浴場にも利用されました。今でいう温泉や銭湯のような公衆浴場は、からだをきれいにする場所にとどまらず、各地から集まった人びとが交流を深める場となったほか、ときには敷地内にある運動場でスポーツをおこなうこともありました。

ローマ水道のしくみ

　ローマ水道の多くは地中につくられました。水は途中で高い場所に上げることはできないため、ときには山にトンネルをほったり、谷に石造りの水道橋をつくったりして通しました。町についた水は貯水そうにためられました。

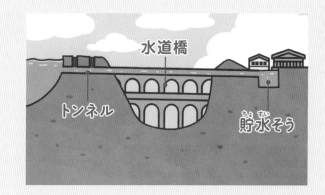

イギリスのバースにあるローマ式浴場の遺跡。当時の浴場のようすがよくわかる。

2 世界がかかえる水の問題

降水量のちがいや人口の集中などによって生み出される水の量の
かたよりが、今、世界中で大きな問題になっています。

国や地域によって差がある水資源の量

　地球上には約13.86億km³の水がありますが、わたしたちが利用している川や湖などの水は、そのうちの約0.01%だけです（➡3巻）。

　人間が資源として利用できる水を水資源といいます。世界の水資源を、ひとり当たりの量で考えると、1年に7101m³（710.1万L）も使えることになります（2022年）が、実際は国によって水資源量がちがうため、使える量は大きくことなります。これは、各国で雨が降る量や人口がちがうためです（➡4巻）。

おもな国のひとり当たりの水資源量

降水量が多く、人口の少ない国は、ひとり当たりの水資源が多くなる傾向にあります。しかし雨は一部が蒸発するため、すべてが水資源になるわけではありません。

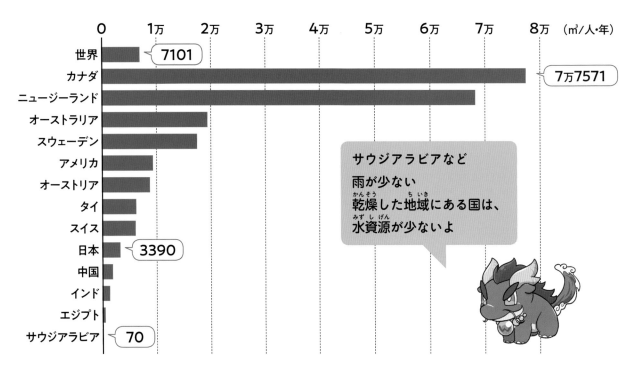

サウジアラビアなど
雨が少ない
乾燥した地域にある国は、
水資源が少ないよ

（グラフ縦軸）世界　7101／カナダ　7万7571／ニュージーランド／オーストラリア／スウェーデン／アメリカ／オーストリア／タイ／スイス／日本　3390／中国／インド／エジプト／サウジアラビア　70

（横軸）0　1万　2万　3万　4万　5万　6万　7万　8万（m³/人・年）

※水資源量は、水資源賦存量（降水量から蒸発によって失われる量をひいたもので、人間の最大限利用可能な水の量）で表している。
出典：国土交通省「令和4年版日本の水資源の現況」（2022年）、国連食糧農業機関（FAO）「AQUASTAT」の2022年9月アクセス時点の最新データをもとに国土交通省水資源部が作成

世界の国ぐにがかかえる水の問題

国による水資源の量の差のほかにも、水に関する問題は世界の各地で起きています。まずあげられるのが、人口の増加で水の使用量が増えたことによる水資源の不足です。これに関連して、複数の国の水源となっている川や湖をめぐって、国どうしの争いも起こっています。また、安全に使用できる水を手に入れることがむずかしかったり、下水道などの処理設備がそなわっていないトイレを使っていたりする地域があるのも、早急に解決すべき問題といえます。

世界で起こっている水の問題

雨が少ない乾燥した地域を中心に、多くの地域で水に関する問題は起こっています。

アフリカの国ぐに

北部や東部、南部は雨の量がとても少ないうえ、水道の設備が整っていない地域が多く、ほとんどの国で水不足がつづいている。また、衛生的ではない水を飲んで病気になる人も多い。

中国

国が広く水資源量は多いが、人口も多くひとりあたりの水資源量は少ない。干ばつのほか川や地下水などの汚染が原因で、雨が少ない地域や都市部で水が不足している。

アメリカ

中西部を中心に、干ばつの発生にくわえ、大量にくみ上げていた地下水がかれ、農業用水や飲み水が不足するなど大きな影響が出ている。

インド

急激な人口増加と都市への人口の集中に水道設備の整備が追いついておらず、不衛生な飲み水を使っている地域がある。また、ヒマラヤ山脈の氷河の減少や川の水のよごれなどの問題もあり、水不足も深刻になっている。

オーストラリア

降水量が少ないうえ、水資源に比較的恵まれた一部の地域に人口が集中しているため、しばしば水不足になる。また、干ばつによって農作物に被害が出ることも多い。

不足する水資源

増加する水の使用量

世界の人口は2012～2021年で約7億5000万人増えており、水を使う量は世界的に増加しています。人が増えれば増えるほど、飲み水のほか、畑などで食べ物をつくるための水もたくさん必要になります。工場でものをつくるのにも水を使います。しかし、水資源は世界のどこでも十分にあるわけではありません。これまで以上の水を確保するため、川の水の利用量を増やしたり、より深い場所から地下水をとったりするようになりましたが、川や湖がかれるなど環境への悪影響も出てきています。

空から見たアメリカの農場。散水機が円をえがきながら大量に水をまくため、畑が丸いかたちに見える。

（写真提供：Ardea／アフロ）

2015年の干ばつで水道が使えなくなり、くんできた水をタンクにためて使う人びと（アメリカ）。

（写真提供：ZUMAPRESS／アフロ）

世界の水使用量の変化

使用される水はおもに都市用、工業用、農業用に分けられます。水を使う量は世界全体で1950年からの50年間で3倍以上に増えています。

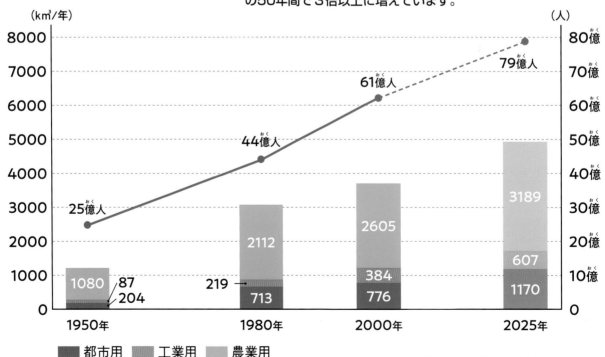

（㎦／年）

	1950年	1980年	2000年	2025年
農業用	1080	2112	2605	3189
工業用	87	219	384	607
都市用	204	713	776	1170
世界の人口	25億人	44億人	61億人	79億人

■ 都市用　■ 工業用　■ 農業用
―●― 世界の人口

※2025年は出典による推定値。
出典：環境省「平成22年版環境白書」（2010年）

干上がりかけているアラル海

中央アジアのアラル海は、かつては豊富な水量をほこる大きな湖でしたが、周辺の国の農業開発により、今では水がほとんどなくなりました。

ほとんどの水がなくなった湖

アラル海は、カザフスタンとウズベキスタンにまたがる湖です。シルダリア川とアムダリア川という2つの主要河川があり、天山山脈やパミール高原を水源として、多くの水を湖にもたらしていました。湖ではサケやチョウザメなどの水産物も豊富にとれ漁業もさかんでした。

しかし、20世紀中ごろから、綿花栽培のためにシルダリア川とアムダリア川の水を農業用水として利用する量が急激に増えると、アラル海に流れこむ水が減り、やがて湖のほとんどが干上がってしまいました。現在は小さく分断された湖があるだけで、湖があった場所の多くは砂漠になっています。また、流れこむ水が減ったことで湖の塩分濃度があがり、魚はほとんどとれなくなりました。

20世紀初頭のアラル海とその水源。

かつての漁村の近くにとり残されたさびだらけの漁船（ウズベキスタン）。

アラル海の変化

1990年ごろまでは大きなひとつの湖でしたが、2000年代には乾燥が進んで、中央部が干上がり、小さな湖が点在するようになりました。

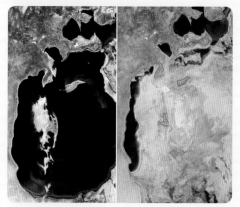
1989年のアラル海（左）と2014年のアラル海（右）。
（写真提供：NASA）

面積は60年で10分の1以下になってしまったんだ

今はほとんどが砂漠なのね

砂漠で水を得る知恵 地下水路「カナート」

イランの砂漠には、3000年前から
人びとの生活をささえる地下水路があります。
どんなものか見てみましょう。

地下水を水源とする水路

カナートはイランの砂漠につくられている地下水路です。イラン周辺にある標高3000mをこす山やまからの雪解け水は、地下水となって砂漠の地下を流れています。カナートはこの地下水を利用したもので、地下水をふくんだ地層まであなをほり、そこから地下水路で町まで水を引き出しています。カナートを利用することで、砂漠でも水を乾燥させることなく、長い距離にわたって運ぶことができます。カナートの長さはさまざまですが、数十kmにおよぶものもあります。

カナートのしくみ

まず、母井戸とよばれる井戸をほり、水が出てきたら数十メートルおきに縦あなをほり、横あなでつなげていきます。水が流れていくように水路には少しかたむきがつけられています。

カナートはアフガニスタンやパキスタンではカレーズとよばれているよ

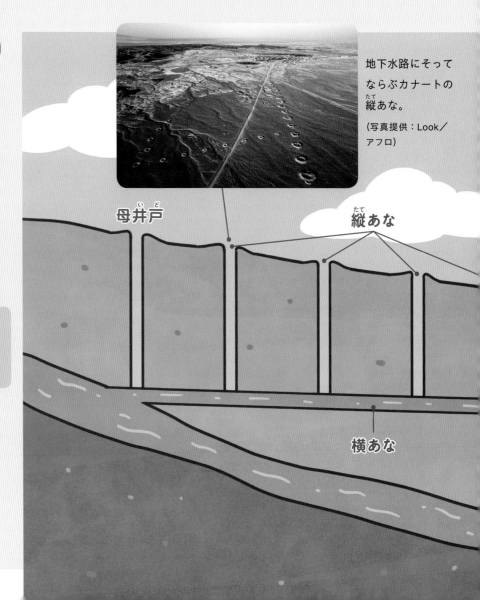

地下水路にそってならぶカナートの縦あな。
(写真提供：Look／アフロ)

母井戸

縦あな

横あな

3000年の歴史をもつ

　イランではカナートは、およそ3000年前から
つくられていました。現在もカナートの水は、
砂漠の貴重な水源として、農業用水や飲料水と
なっているほか、水で冷やされた風を使う天然
の冷房装置（バードギール）にも利用されてい
ます。

　カナートは、イラン国内に約4万か所あり、
そのうちの2万5000ほどが今も利用されていま
す。また、イラン周辺のアフガニスタンやパキ
スタンのほか、アラビア半島やアフリカ北部な
どにも同じようなものがつくられています。と
くにイランにあるものはペルシア式カナートと
よばれ、2016年には国連教育科学文化機関（ユ
ネスコ）の世界文化遺産に登録されました。

集落の近くになると、カ
ナートは地上を流れる。

（写真提供：Alamy／アフロ）

建物の内部にまで
引きこまれたカナ
ートの水。

（写真提供：Alamy／
アフロ）

カナートの内部。
直径は1m前後の
ものが多い。

（写真提供：Tava soli
mohsen）

建物の換気のための塔をバードギールとい
う。カナートの水で冷やされた空気は、室
内をすずしくして、バードギールなどから
出ていく。

集落

水をめぐる対立・紛争

水源となる川や湖が国や地域をまたいでいる場合は、対立や紛争が起こりやすいんだよ

💧 くり返されてきた水をめぐる争い

水源が少ない地域では、貴重な水をめぐって昔から争いがくり返されてきました。その原因はさまざまですが、水源の権利に関する問題だけでなく、川の上流でよごされた水に下流の人たちが悩まされるといった問題もあります。

水を原因とする対立や紛争は、今も世界のさまざまな地域でつづいています。今後、世界の人口が増えつづけて、必要とされる水の量が多くなると、水をめぐる対立や紛争は、さらに増えていくと考えられています。

おもな川の水をめぐる対立・紛争

川が複数の国にまたがって流れている地域では、上流と下流の国で水をめぐる争いが起きています。

ヨルダン川
水源のヨルダン川沿岸を支配しているイスラエルは、パレスチナ自治区の人びとに対して、きびしく給水量を制限しており、両者が対立している。

メコン川
メコン川を管理することで、東南アジアに大きな影響力をもとうとする上流の中国と、下流のタイやベトナムが対立している。

ナイル川
ナイル川の水をめぐって、上流にあるエチオピアと下流にあるエジプトやスーダンとのあいだで、対立がつづいている。

インダス川
インダス川では、水の利用をめぐり上流のインドと下流のパキスタンが長く対立している。現在は、とくに水力発電所の建設をめぐって対立が深まっている。

エジプト　イスラエル　パキスタン　中国　インド　ベトナム　スーダン　エチオピア　タイ

ナイル川の利用をめぐる対立

アフリカ北東部を流れるナイル川は、いくつもの国や地域をまたいで流れる、世界で一番長い川です。現在10か国に水を供給しています。

2022年、ナイル川上流にあるエチオピアで、巨大ダムの稼働がはじまりました。経済発展により不足していた電力を、水力発電でおぎなうためです。これに対し下流のスーダンやエジプトは川の水が減る可能性があるとし、ダムにたくわえる水の量を制限するよう、エチオピアに求めました。とくに水源の90%以上をナイル川にたよるエジプトは、ダムの完成前から人口増加による水不足に悩まされていました。これ以上川の水が減れば、農業用水が不足するなどの大きな影響が出るおそれもあります。この対立は深刻で、話し合いがうまくまとまらなければ、紛争に発展するのではないかと心配されています。

2022年に完成した、大エチオピア・ルネサンスダム。アフリカで最大規模の水力発電所となっている。

（写真提供：Yirga Mengistu/
Adwa Pictures Plc/picture alliance／アフロ）

コロラド川

アメリカが上流部でダムをつくったり、地下水のくみ上げをおこなったりしたことで、メキシコにある下流部の水量が減少。水の塩分濃度もあがり、農業に大きな被害をもたらした。

パラナ川

ブラジルとパラグアイが共同でダムと発電所を建設したが、発電した電力の使用をめぐって対立した。

水をめぐる問題は戦争に発展することもあるんだって

上流の国と下流の国が納得できる解決方法があればいいのだけど…

出典：国土交通省ホームページ「水資源問題の原因」より

安全な飲み水を得られない人びと

約20億人が安全ではない飲み水を使っている

よごれた川や池、整備されていない井戸などの水には、病気のもとになる細菌やウイルス、有害な物質などがふくまれていることもあります（➡31ページ）。

国連児童基金（ユニセフ）によると、こうした安全ではない飲み水を利用する人は、開発途上国を中心に、約20億人いるといわれています（2020年）。これは全世界の人口の26％で、そのうち約1億2000万人は川などの水をそのまま使っています。

世界で安全に管理された
飲み水を利用できる人の割合

「安全に管理された飲み水」とは、管理された水源から送られていて、いつでも、自分の家で飲むことができるきれいな飲み水のことです。

安全に管理されていない
水を飲むのは不安だな……

世界で安全に管理された飲み水を利用できる人の割合の変化

2000年には62%でしたが、各地で水道の整備が進み、2020年に74%と20年で12%増えました。

世界保健機関（WHO）と国連児童基金は2030年までにすべての人が安全で安価な飲み水を入手できることを目標にしているよ（➡37ページ）

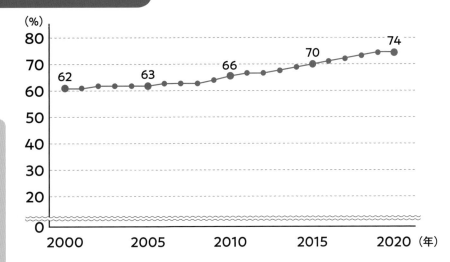

出典：THE WORLD BANK「People using safely managed drinking water services」（2020年）

アフリカや東南アジアなどは安全な飲み水を利用できない国や地域が多いみたい

■99%以上
■75%以上99%未満
■50%以上75%未満
25%以上50%未満
■25%未満
□データなし

※数値は各国の人口のうち「安全に管理された飲み水」を利用できる人の割合。

出典：THE WORLD BANK「People using safely managed drinking water services」（2020年）

どうして安全な水が手に入らないの？

現在、世界の7割以上の人びとが安全な水をかんたんに手に入れることができます（➡29ページ）。しかし、川や池の水をそのまま利用したり、共同の水場などに水をくみにいくのに長い時間をかけたりしなければならない人びとも、まだたくさんいます。

大きな原因としては、国自体が貧しく、水道（上水道）の設備をつくるお金がないことがあげられます。また、紛争が起こっている国や地域も、水道をつくることはできません。水道があっても、お金がなく古い水道管や浄水場などの管理を十分におこなうことができなくなっていたり、人口の増加に水道の整備が追いついていなかったりしている地域もあります。

水がよごれる原因

上水道が整備されていない地域では、川や湖、池などの水を飲み水に使っていることがあります。しかし、生活排水や工業排水、動物のふん尿などが流れこむなどして、水が汚染されていることも多く、健康被害も出ています。

川で衣服を洗う人びと（マラウイ）。

家畜のふん尿

トイレなどの生活排水

洗たく

川の下流に住んでいる人はとくに影響を受けやすいのね

水浴び

きたない水が原因でかかる病気

　にごっている川や湖の水には、砂や土がまじっています。また、人や動物のふん尿が流れこんでいると、病気の原因となる細菌や寄生虫などがまじっている場合があります。

　このようなきたない水にまじっている代表的な細菌には、大腸菌やコレラ菌、チフス菌などがあります。また、寄生虫の卵も水にまじっています。こういったきたない水がついたものを食べたり、飲んだりすると、げりや発熱を起こして命にかかわることもあります。世界では、げりを引き起こす感染症で多くの幼い子どもがなくなっていますが、そのうちの半分以上はよごれた水をふくむ不衛生な環境が原因です。

手を洗っても、その水がよごれているから細菌などは落ちないんだ

きたない水にまじっている 細菌・寄生虫

コレラ菌

はげしいげりをともなうコレラを引き起こす細菌。

チフス菌

発熱やげりなどの症状が起きる腸チフスを引き起こす細菌。

（写真提供：Science Source/アフロ）

赤痢菌

はげしい腹痛やげりをともなう急性腸炎（赤痢）を引き起こす細菌。

メジナ虫

メジナ虫症を引き起こす寄生虫。寄生されると水ぶくれなどの症状が出るが、感染者は減っている。

女性や子どもがおこなう水くみ

　水道がなく、近くに川などもない場所では、長い時間をかけて何kmもはなれた井戸まで、水をくみに行かなければならないこともあります。重い水を運ぶ水くみは、とても力がいる仕事です。アフリカなどの水くみが必要な地域では、水くみはおもに女性や子どもたちの仕事です。水くみに時間をとられて、学校に行くことができない子どもたちもたくさんいます。

水くみをする子どもたち（ブルンジ）。水は、一度に持ち運べる量がかぎられているため、井戸や川などの水場と家のあいだを、何度も往復しなければならない。

（写真提供：picture alliance／アフロ）

安全なトイレを利用できない人びと

安全な管理がされていないトイレを使う人たち

国連児童基金（ユニセフ）では、し尿の処理設備がそなわり、共用ではないトイレを「安全に管理されたトイレ」としています。こうしたトイレを使うのは、日本では当たり前かもしれませんが、世界にはそのようなトイレを使えない人びとが、世界の人口の46%、約36億人もいます（2020年）。これらの人びとは共同トイレを使ったり、屋外をトイレにしたりしています。

安全に管理されたトイレを利用している人の割合

アフリカや南アメリカは安全に管理されたトイレを利用できる人がとくに少ない地域です。

「安全に管理された飲み水」を利用できる人の割合（➡28ページ）とくらべるとまだ多くはないよ

安全に管理されたトイレを利用している人びとの割合の変化

安全に管理されたトイレを利用している人びとの割合は、2000年では29%でした。20年間で増えたものの、いまだ54%の人しか利用できていません。

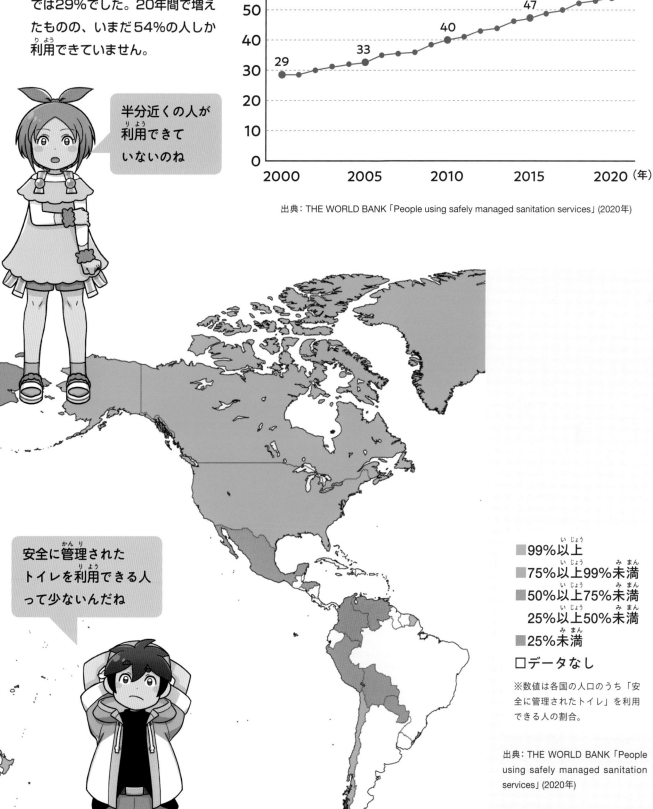

（%）

54
47
40
33
29

2000　2005　2010　2015　2020（年）

出典：THE WORLD BANK「People using safely managed sanitation services」(2020年)

半分近くの人が利用できていないのね

安全に管理されたトイレを利用できる人って少ないんだね

■99%以上
■75%以上99%未満
■50%以上75%未満
　25%以上50%未満
■25%未満

□データなし

※数値は各国の人口のうち「安全に管理されたトイレ」を利用できる人の割合。

出典：THE WORLD BANK「People using safely managed sanitation services」(2020年)

33

安全なトイレがない人たちの用の足し方

「安全に管理されたトイレ」を使えない人びとは、世界で約36億人います。そのうちの約5億人が、トイレの設備自体がないために、屋外をトイレ代わりに使っています。

衛生的ではないトイレは、雨などでし尿が流れ出すことがあります。その場合、川や井戸などに流れこむなどして、まわりの環境やすんでいる人びとの健康に悪い影響をあたえる可能性があります。そのため、下水道などの整備をする必要があるのです。

衛生的ではないトイレ

衛生的ではないトイレは、とくに農村部などでよく見られます。

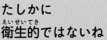
たしかに
衛生的ではないね

地面にほったあなや川

地面にあなをほっただけのトイレや、川の上に板をわたしたトイレは、トイレがない環境よりは衛生的だが、病気が発生する可能性もある。

バケツ式トイレ

バケツにし尿をためるトイレ。中身がたまったら、もち出して中身を捨てる。使うときやもち出したときなどに、中身にふれる可能性がある。

世界の 共同トイレ

ここでは世界の町なかにある共同トイレをしょうかいします。

インド

個室はしきられているが、とびらや屋根はない。おけなどにためられた水で流す。

中国

しきりがなく、あながならんでいる。紙は自分で持ってきたものを使う。左右にしきりがついたトイレもある。

ドイツ

有料のトイレ。入るのには日本のお金で100円程度の入場料が必要だが、なかは清潔。紙などもある。

※ここでしょうかいしているトイレは一例です。各国の共同トイレがすべてこのようなトイレになっているわけではありません。

下水道がそなわっていた 古代のトイレ

現在のイラクにあたる地域では、4200年前の遺跡から
下水道がついたトイレが見つかっています。
これが現在、発見されたなかで世界最古のトイレだといわれています。

紀元前から 使われていた下水道

　現在発見されているなかで、もっとも古いトイレは、メソポタミア文明の遺跡で見つかりました。メソポタミア文明は今のイラクの地に栄えた文明で、高い技術力をもっていたことで知られています。今から4200年前のもので、レンガを組んでつくられています。水洗式でし尿は地下にもうけた下水道管を通して川へと流したといわれています。

　メソポタミアよりももう少し後に、今のパキスタンで栄えたインダス文明の遺跡のほか、ローマ時代の遺跡でも、同じような下水道がついたトイレが見つかっています。

メソポタミア文明の遺跡。レンガでつくられた建物のあとがならんでいる。
（写真提供：picture alliance／アフロ）

当時はみぞのところにしゃがんで使っていたといわれている。

メソポタミア文明の遺跡で見つかった最古のトイレを再現した模型。
（写真提供：大田区立郷土博物館）

エフェソス遺跡のトイレは現在の洋式トイレのようにあなのところに腰かけて使ったといわれているんだ

ローマ時代のエフェソス遺跡で見つかった共同トイレの跡。

世界の水を守る取り組み

水に関する問題を解決するには、世界中の国や地域が協力し合い、ほかのさまざまな問題といっしょに立ち向かうことが大切です。

水の問題は多くの問題と関わり合っている

今、地球では水に関わる問題のほかに、地球温暖化や森林破壊などの環境問題、領土などをめぐる争い、発展途上国と先進国の格差、貧富の差など、さまざまな問題があります。

これらの問題は、一見別べつの問題のように思えます。しかし、森林破壊が地球の温暖化や水源の減少につながったり、争いによって生ま

れた格差で貧しい人びとが安全な水を手に入れることができなくなったりというように、問題はたがいに関係しています。

わたしたちが水に関する問題を解決しようとするときには、これらの問題についてもいっしょに考え、解決に向けて取り組んでいかなければならないのです。

世界の国ぐにが協力して問題を解決するために

水に関する深刻な問題をかかえている国や地域の多くは貧しく、自分たちで解決するのがむずかしい状況にあります。

そのため、問題を解決するには、それぞれの国や地域が別べつに取り組みをおこなうのではなく、世界の国ぐにが協力し合って行動する必要があります。

今、世界の国ぐにには、水にこまっている国が少しでも減るように、水資源の開発や管理についての国際的な取り決めをつくったり、こまっている国に対し資金的な支援をおこなったり、問題を解決するための技術を提供したりしています。

日本をはじめとする先進国が、関連し合うさまざまな問題の解決のために協力して取り組んでいる。

💧 水問題とSDGs

SDGsとは、「Sustainable Development Goals」という英語の頭文字をとった言葉で、日本語では「持続可能な開発目標」といいます。SDGsは、世界の環境問題や人権などに関するさまざまな問題を解決するための17の目標からなり、すべての問題を2030年までに解決することをめざしています。

持続可能な世界をつくるための、水に直接関わる目標には、6の「安全な水とトイレを世界中に」、13の「気候変動に具体的な対策を」、14の「海の豊かさを守ろう」、15の「陸の豊かさも守ろう」の4つがあります。下のウェディングケーキモデルを見ると、水問題が地球環境をささえる基礎の部分にあり、わたしたちが生きていくうえで、もっとも重要な問題のひとつであることが分かります。

SDGsウェディングケーキモデル

SDGsの17の目標は、経済の問題を解決するための「経済圏」、住みよい社会をつくるための「社会圏」、地球環境を守るための「生物圏」（自然）という3つの層に分けることができ、それぞれが深く関わり合っています。この考えを表した図を、ウェディングケーキモデルといいます。これは、上部にある「経済」は「社会」にささえられ、さらに「社会」は、「自然」にささえられているという構造をしめした図で、わたしたちの生活の基盤となるのは自然環境ということが分かります。

自然環境が守られないと社会も経済も成り立たないのね

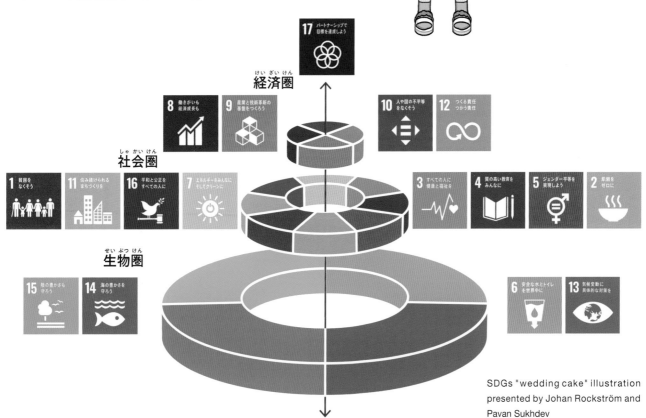

経済圏

社会圏

生物圏

SDGs "wedding cake" illustration presented by Johan Rockström and Pavan Sukhdev

Graphic by Jerker Lokrantz/Azote

さまざまな取り組みを見てみよう

現地の人たちと協力して持続可能な基盤をつくる

水の問題をかかえる多くの国に対して支援をおこなうとき、ただ資金や施設・機材の提供をおこなうだけでは、問題を根本的に解決することはできません。お金や機材を提供しても、そのときだけの解決で終わってしまい、時間がたつと、またもとの状態にもどってしまうおそれがあるからです。

そこで必要になるのが、現地の人たちが自分たちで持続的に問題解決に取り組むことができる人材を育成したり、技術を教えたりするといったかたちの支援です。日本でも国際協力機構（JICA）などさまざまな団体が世界の水問題の解決のために、世界各地で人材育成や技術指導などの取り組みをおこなっています。

事例1 「国際協力機構（JICA）」

国際協力機構は
日本の政府開発援助（ODA）を
おこなう団体なんだ

給水施設を建設し、管理できる技術者を育成する

アフリカのエチオピアは長年、水不足の問題に悩まされていました。そこで国際協力機構は1998年に、エチオピアにエチオピア水技術センターをつくり、現地の人びとに給水施設を建設・管理する技術を指導してきました。エチオピア水技術センターは、2013年に、国立の水技術機構（EWTI）として承認

され、水分野の技術者を育成するための中心機関となりました。

エチオピアでは、この活動を通じて技術を身につけた多くの人びとが、農村部に井戸や給水設備を建設するなど、今も水不足の問題を解決するためにはたらいています。

現地でおこなわれた技術者を育てるための講義のようす。

（写真提供：JICA）

井戸のほり方を学んでいる現地の人びと。

（写真提供：JICA）

日本の井戸ほり技術を生かして安全な水を

　2000年ごろ、アフリカのタンザニア南部では、給水施設の整備が遅れており、多くの人びとが池の水や雨水などを利用してくらしていました。しかし、池の水や雨水は、利用できる量が決して多くないうえに、安全性にも問題があります。そこで、国際協力機構は、安全な水を使うことができる井戸の建設・管理に関する支援をおこないました。

　支援では、まず深さ300mまであなをほることができる日本製の掘削機（井戸をほる機械）などが提供されました。井戸ができると、今度は井戸から水をくみ上げる手押しポンプや電動ポンプ、井戸を管理する機材なども提供しました。また、施設の管理方法や衛生的な水の使い方などに関する技術指導もおこなわれました。この活動により、38の村に給水施設ができ、多くの人びとが安全な水を使うことができるようになりました。

日本から提供された機械で井戸をほる。作業は現地の人びとと協力しながら進められる。

（写真提供：国際航業株式会社）

水をくむのによごれたバケツを使ってはいけないなど、衛生的な利用の仕方について地元の人びとに教える。

（写真提供：国際航業株式会社）

もっと知りたい！

アフガニスタンで井戸をほった中村哲さんの活動

　西アジアのアフガニスタンでは多くの人びとが戦争で家を追われ、生活に困っていました。1984年に現地にわたった日本人医師の中村哲さんは、医療活動をおこないながらも干ばつのようすを見て「今、必要なのは水だ」と考えるようになり、土木作業の勉強をして井戸をほる活動をはじめました。中村さんの指導でほられた井戸の数は、約1600本にもなりました。

　また、中村さんは現地の多くの人びとを指導し、10か所に堰と用水路を建設しました。この用水路によって、東京ドーム5000個以上とほぼ同じ面積である約2万3800haの砂漠が、緑あふれる農地に変わりました。

　中村さんは、その後も現地で活動をつづけていましたが、2019年に銃撃されて、73歳で命を落としました。

アフガニスタンの人びとに工事についての指導をしている中村さん。

（写真提供：PMS／ペシャワール会）

事例2 「クボタ」

上水道を整備して水を安定供給する

遠くまで安全な水をとどけるためには、水道管が欠かせません。南アジアのバングラデシュでは、水道管が整備されていないために、多くの人が安全な水を飲むことができませんでした。

農業機械や建設機械などのメーカーとして有名な日本のクボタは、2012年からバングラデシュを代表する都市であるチッタゴンの水道管を整備する事業にたずさわることになりました。

クボタの技術者たちは、雨季に発生する洪水などに苦労しながらも、現地の人とともに工事を進め、同時に現地の技術者たちの育成もおこないました。

こうして2019年には100kmにおよぶ水道管が完成しました。この工事によって、チッタゴンの水道普及率は工事前の47%から85%にまで上がり、270万人のチッタゴン市民の多くが安全な水を使えるようになりました。

現地に送られたクボタの水道管。2012年から2015年にかけておこなわれた第1期工事だけで、4863本もの水道管が使われた。

（写真提供：株式会社クボタ）

水道管を設置する工事のようす。

（写真提供：株式会社クボタ）

昼間に工事すると道路が大渋滞になるので、深夜に工事をおこなうこともあったんだって

はたらく人に聞いてみよう

安全な工事をめざして人材育成

クボタ建設　白井 朗さん

わたしたちが工事に参加した2012年、現場ではたらいているバングラデシュの人たちは、作業をあまりうまく管理することができていませんでした。大学で土木などを学んだはずの人でも、安全に、効率よく工事をするための知識や技術を身につけていなかったのです。このままでは、工事が進まないばかりか、大きな事故にもつながりかねません。そこで、服装や作業時の心がけ、作業計画のつくり方など、安全に作業を進めるための教育に力を入れました。その結果、ぶじに工事を終えることができました。

工事は現地の人びとと協力しておこなわれた。　（写真提供：株式会社クボタ）

「LIXIL」

開発途上国向け簡易式 トイレシステム「SATO」を開発

開発途上国を中心に世界には、安全で清潔なトイレを使えない人が多くいます（➡32ページ）。これをふまえトイレやキッチンなどの住宅設備メーカーとして知られる日本のLIXILは、水道の設備がない地域でも清潔に用を足すことができるように、簡易式トイレシステム「SATO」を開発しました。SATOを設置することで少ない水でし尿を流し、虫や悪臭もふせぐことができます。LIXILでは、そのほかにも最小限の水で手を洗うことができる「SATO Tap」も開発し、インドやケニアなど40をこえる国ぐにで、現地の人びととの衛生環境の改善に役立てています。

そのほかにも、LIXILは、NGOや国際機関とともに、トイレの設置をする現地の職人の育成にも取り組んでいます。

LIXILが開発したSATO。用を足した後、ほんの少しだけ水を流すと、その重さでそこについた弁が開き、し尿が下のタンクなどに落ちる。下に落ちた後は、弁がふたたび閉じる。

弁

（写真提供：株式会社LIXIL）

現地につくられたSATOを使ったトイレ。

（写真提供：株式会社LIXIL）

SATOを使うと使ったあとで弁が閉じるから、においや虫をふせげるよ

水道がない場所でもかんたんに設置できるSATO Tap。水を入れたペットボトルをつけるだけで、手を洗うことができる。

（写真提供：株式会社LIXIL）

もっと知りたい！

トイレを増やすプロジェクト

LIXILでは衛生的なトイレを増やすためにさまざまな活動をしています。2022年には国連児童基金（ユニセフ）の協力のもと、一体型シャワートイレやタッチレス水栓（自動で水が出るじゃ口）などが1台売れるたびに1ドルを寄付し、開発途上国へのトイレの設置などに使ってもらう「みんなにキレイをプロジェクト～世界中にトイレと手洗いを～」という活動もおこなっています。このプロジェクトで集まった寄付金は、おもにケニアでの安全で衛生的なトイレの設置やトイレの設置に必要な職業訓練などに使われる予定です。

SATOをうれしそうに持つ子ども。

（写真提供：株式会社LIXIL）

水を確保するいろいろな技術

世界中で求められる安全な水

水資源が少ない国や地域（➡20ページ）では、地下水や雨水以外で飲み水を得るためにさまざまな方法がとられています。

海に面した国でよくおこなわれているのが、海水の淡水化です（➡7ページ）。海水を熱して蒸留し、塩分をとりのぞいたり、特殊な膜を使って塩分をこしとったりします。ただし、どちらも費用がかかるので、水の値段が高くなってしまいます。また、最近では人工的に雨を降らせるこころみなどもおこなわれています。

事例1 シンガポール

高度な浄水技術により高品質で信頼できる水を確保

シンガポールは年間降水量が約2500mmで、世界の国や地域のなかでは降水量が多い国として知られています。しかし、水をたくわえるための十分な国土がなく、天然の水資源にもめぐまれていません。

そのため、シンガポールでは貯水池の建設にくわえて、となりの国であるマレーシアから水を輸入したり、精密ろ過などの高度な技術を使い生活排水からつくった再生水の利用をおし進めたり、海水を淡水にする設備をつくったりして、水を確保する取り組みを進めています。

マレーシアとシンガポールの国境。道路の右側にあるのはマレーシアから水を輸入する水道管。

（写真提供：ロイター/アフロ）

2018年から使われているトゥアス淡水化プラント。高度な技術を使用して、海水を淡水に変換している。現在、シンガポールには5つの海水淡水化プラントがある（2022年）。

（写真提供：PUB, Singapore's National Water Agency）

事例2　アラブ首長国連邦

ドローンを使って
人工的に雨を降らせる

　アラビア半島の砂漠地帯にあるアラブ首長国連邦は、年間降水量が100mm以下という乾燥した国です。そこで、100をこえるダムをつくったり、海水を真水にする淡水化プラントをつくったりしています。さらに最近は、ドローンを使って雨を降らせる技術の実験もおこなっています。

　雲の中でドローンを飛ばし、そのドローンから電気を放ちます。すると、雲の中の水のつぶが集まって成長し、雨になるのです。この技術は環境に負担をかけず、大量の雨を生み出すことができるため、実用化が期待されています。

雨を降らせる実験に使用されるドローン。　　　（写真提供：NCM）

アラブ首長国連邦での雨のようす。雨が降るのはとてもめずらしい。　　　　　　　　　（写真提供：Amazing Aerial／アフロ）

まちには
雨を流すための
設備がないから、
少しの雨でも道が
水びたしに
なるんだって

もっと
知りたい！

霧を集めて水を得る
フォッグコレクティング

　規模はあまり大きくありませんが、山地の斜面に立てた2つの棒のあいだにネットをはり、そのネットについた霧や結露から水を集めるフォッグコレクティングという取り組みが各地でおこなわれています。ネットについた水分は、タンクに集まり、そのまま使うことができます。北アフリカのモロッコや南アメリカのチリなどの水不足に悩む地域で使われています。

チリの山中に張られたフォッグコレクティング用のネット。

（写真提供：Pontificia Universidad Católica de Chile）

4 水に対してできること

これからの未来のためにどうすればわたしたちは水を守っていけるのでしょうか？ わたしたちができることを考えてみましょう。

💧 使う水を節約する

水のむだづかいをふせぐ節水に取り組んでみましょう（➡1巻）。みんなで、家や学校で使っている水を、毎日少しずつでも減らすことができれば、大きな節水になります。

ここまでの巻でしょうかいしてきた、みんなが水のためにできることを、おさらいするよ

水を出しすぎない

水道のじゃ口から水を出すとき、勢いが強すぎると必要な分の倍近くの量が出てくるので、弱めて、必要な分だけを出しましょう。

水を出しっぱなしにしない

水道の水を使うときは出しっぱなしにせず、必要な分だけ、コップやたらいなどの容器に入れて使うようにすると、むだに水を使わずにすみます。

使った水を再利用する

ふろの水は洗たくなどに、お米や野菜を洗った水は植物の水やりなどに使えます。

節水機能を使う

洗たく機やトイレ、シャワーなどについている節水機能を使うことで、水を使う量を減らせます。

できることからやってみよう！

💧 水をできるだけよごさない

水を使って流すときは、よごれのもとを減らすことをこころがけましょう（➡2巻）。排水のよごれが少なければ、下水処理施設などで水をきれいにしやすくなります。

台所の水

よごれのもとになるものを流さないようにします。食べ残しを減らすほか、油は使い切ったり、新聞紙などで吸いとったりし、食器に残ったソースなどもふきとってから洗いましょう。

トイレの水

こまめなそうじをすることで使う洗剤の量をへらせます。トイレットペーパーの使いすぎにも気を付けましょう。

洗たくの水

少量の洗たくを何度もするよりも、一度にまとまった量の洗たくをするほうが、水や洗剤を節約できます。洗剤の使いすぎにも注意しましょう。

ふろや洗面所の水

石けんやシャンプーを使いすぎないようにしましょう。また、排水口にネットなどをつけて、かみの毛やせっけんかすを流さないようにしましょう。

💧 水の環境を守る

地球の温暖化は、水の環境にも大きな影響をあたえます（➡3巻）。温暖化の原因のひとつである二酸化炭素の排出量を減らすための取り組みをしてみましょう。

電気を節約する

電気を使うことは、二酸化炭素を多く排出することにつながります。使わない家電製品のコンセントをぬく、省エネ機能を使うなど少しずつでも電気を節約しましょう。

使い捨てのプラスチック製品を使わない

プラスチック製品は、つくるのにもごみとして処理するにも二酸化炭素を出します。そのため、レジ袋のかわりにエコバッグを使ったり、捨てるときも分別してリサイクルに回しましょう。

わたしたちのちょっとした行動でも水を守っていけるのね

さくいん

ここでは、この本に出てくる重要な用語を50音順にならべ、その内容が出ているページをのせています。
調べたいことがあったら、そのページを見てみましょう。

クイズの答え

第1問の答え　③　➡8ページ
「口当たりがやわらかい」と「石けんのあわ立ちがよい」のは軟水の特徴。

第2問の答え　③　➡14ページ
1985年の生産量と輸入量の合計は約8万4000kLだったが、2020年では約418万kLとおよそ50倍になっている。
（日本ミネラルウォーター協会調べ）

第3問の答え　②　➡18ページ
古代のローマには、11本の水道がつくられていた。

第4問の答え　①　➡20ページ
ひとりあたりの水資源量は、カナダが7万7571㎥/人・年、スイスが6227㎥/人・年、中国が1938㎥/人・年で、カナダがもっとも多い。
（2022年国土交通省調べ）

第5問の答え　③　➡23ページ
アラル海は水量が減ったことで、ほとんどが干上がり、いまではいくつかの小さな湖が残るだけになっている。

第6問の答え　②　➡24ページ
イランの砂漠につくられた水路、カナートは3000年前から人びとの生活をささえている。

第7問の答え　②　➡26ページ
インダス川ではインドとパキスタンが川の水をめぐって争っている。

第8問の答え　②　➡29ページ
世界の74%の人が、安全に管理された水を使っている。
（2020年 THE WORLD BANK調べ）

第9問の答え　①　➡33ページ
世界の54%の人が、安全に管理されたトイレを使っている。
（2020年 THE WORLD BANK調べ）

第10問の答え　②　➡35ページ
現在わかっているなかで世界最古のトイレは、メソポタミア文明の遺跡で見つかっている。

監修
西嶋 渉（にしじま わたる）

広島大学環境安全センター教授・センター長。研究分野は、環境学、環境
創成学、自然共生システム。水処理や循環型社会システムの技術開発、沿
岸海域の環境管理・保全・再生技術開発などを調査・研究している。公益
社団法人日本水環境学会会長、環境省中央環境審議会水環境部会瀬戸内
海環境保全小委員会委員長。共著に『水環境の事典』（朝倉書店）など。

[スタッフ]
キャラクターデザイン／まじかる
イラスト／まじかる、大山瑞希、青山奈月貴、永田勝也
装丁・本文デザイン／大悟法淳一、大山真葵、中村あきほ（ごぼうデザイン事務所）
地図製作／株式会社千秋社、株式会社平凡社地図出版、AD·CHIAKI
校正／株式会社みね工房
執筆協力／山内ススム
編集・制作／株式会社KANADEL

[取材・写真協力]
株式会社アフロ／ピクスタ株式会社／株式会社フォトライブラリー／
堀まゆみ（東京大学特任助教）／株式会社セコマ／NASA／NIAID／
CDC, Dr. Mae Melvin／大田区立郷土博物館／独立行政法人国際協力機構（JICA）／
国際航業株式会社／PMS/ペシャワール会／株式会社クボタ／
株式会社LIXIL／PUB, Singapore's National Water Agency／NCM

水のひみつ大研究 5
世界の水の未来をつくれ！

発行　2023年4月　第1刷

監修　　　西嶋 渉
発行者　　千葉 均
編集　　　大久保美希
発行所　　株式会社ポプラ社
　　　　　〒102-8519　東京都千代田区麹町4-2-6
　　　　　ホームページ　www.poplar.co.jp（ポプラ社）
　　　　　kodomottolab.poplar.co.jp（こどもっとラボ）
印刷・製本　今井印刷株式会社

P7238005

あそびをもっと、まなびをもっと。
こどもっとラボ

水のひみつ大研究

全5巻

監修 西嶋 渉

● 上水道、下水道のしくみから、水と環境の関わり、世界の水事情まで、水についていろいろな角度から学べます。

● イラストや写真をたくさん使い、見て楽しく、わかりやすいのが特長です。

1 水道のしくみを探れ!

2 使った水のゆくえを追え!

3 水と環境をみんなで守れ!

4 水資源を調査せよ!

5 世界の水の未来をつくれ!

小学校中学年から
A4変型判／各47ページ
N.D.C.518

● テーマ　軟水と硬水のちがい調べ

● 名前

● 軟水と硬水の味くらべ

	水1	水2	水3	水4
名前				
採水地				
硬度				
味				

● 軟水と硬水のちがいについてわかったことをまとめてみよう